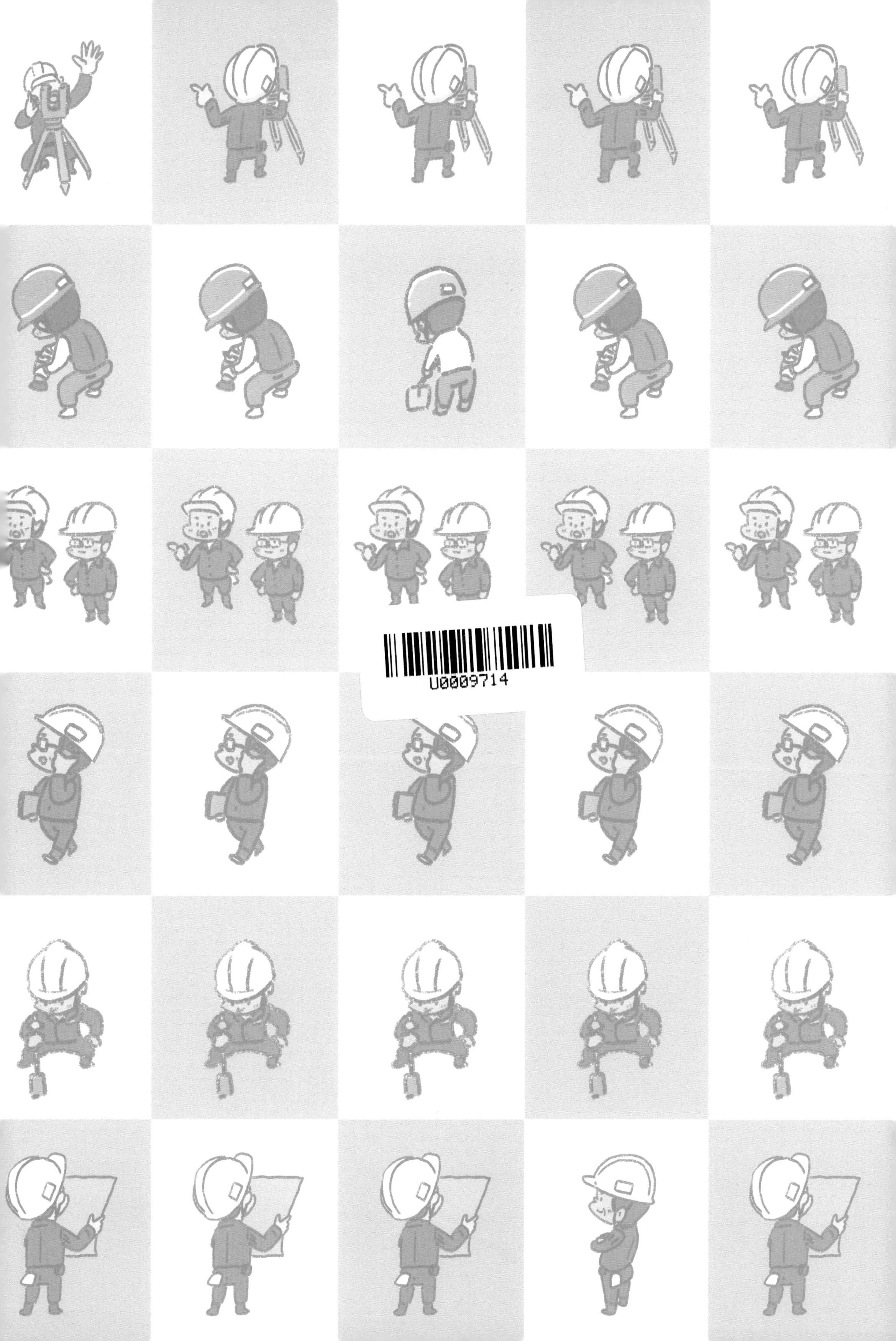

從無到有的過程

就像觀察牽牛花的藤蔓慢慢的攀爬在牆面上一樣，當某樣東西一點一滴的形成時，總讓人興奮不已。

「從無到有工程大剖析」系列以繪圖的方式，介紹我們生活周遭的「巨大建設」，以及它們的建造過程。

翻開這本書，可以了解每項建設都必須經過多道施工，運用許多重型機械，加上大量人力的參與，才能建造完成。

讓我們帶著愉快的心情，看看日復一日，藉由時間不斷累積所建造出的巨大建設有多壯觀吧！

從無到有工程大剖析
道路

監修／鹿島建設株式會社
繪圖／池内李利
翻譯／李彥樺
審訂／陳建州 雲林科技大學營建工程系教授

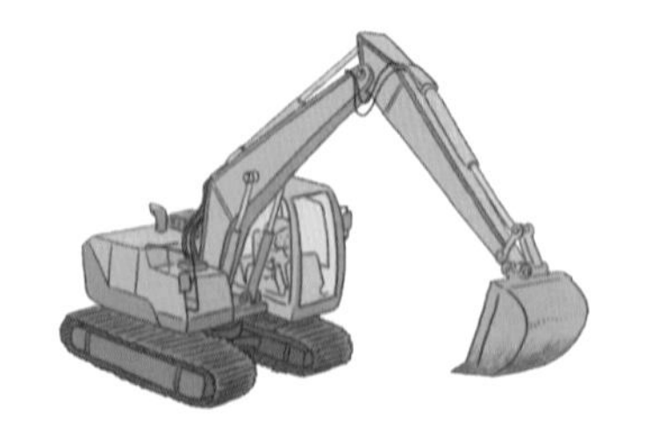

目次

前言

不可或缺的道路

「在前面路口處向左轉，往前繼續走再爬個坡，接著在轉彎處向右轉……」

前往某處時，我們會思考該走哪一條路，例如：上學固定會走的路線。不管想要到達任何地方，都得仰賴道路。

即使待在家裡哪裡都不去，我們的生活也與道路有密切的關係。我們吃的食物、穿的衣服、坐的椅子、讀的書籍，全都是經由某條道路，運送至我們的住家。

生活中的食衣住行，都與道路密不可分。你是否曾經思考過，道路是怎麼建造出來的呢？

或許因為太貼近生活，我們很容易會認為這些道路原本就存在，但其實並非如此。道路是因為某些人認為「這裡需要道路」，而後大家一起合力打造出來，給眾人使用的。

接下來，我們來建造一條道路吧！

在建造的過程中，每一項施工要做些什麼工程？又必須使用哪些重型機械呢？

讓我們一起觀察各種厲害的道路工程，體驗從無到有的過程是多麼奧妙與偉大吧！

造路

讓我們開始造路吧！
如果有道路，大家的生活一定會變得更方便。

鋸斷樹木，剷平森林

如果造路的區域原本是一片森林，施工前必須把樹木鋸斷，拔掉樹根；接著再挖土，開拓出平坦的土地。

砍下的樹木會被放置到貨車上，載到需要的地方並有效運用，不會遭到丟棄。

工程車大展身手！

使用電鋸等工具將樹木鋸斷，鋸完後地面會殘留大量的樹根。

要把這些樹根挖起時，就是挖掘機等力大無窮的工程車大展身手的時候。接下來，像大力士一樣的挖掘機和工程車，會在施工現場忙碌的來來去去。

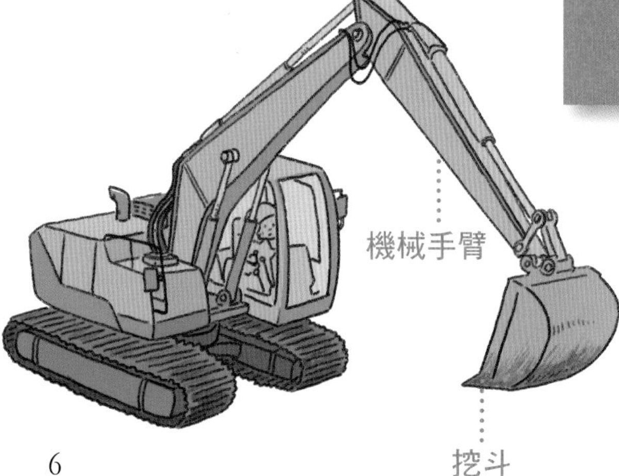

挖掘機（挖土機）

有著長長的機械手臂，前端連著一個負責挖掘地面的挖斗。大部分的施工現場都看得到它，相當受歡迎。

挖斗也可以替換成各式各樣的連結器具※。

※夾式器具

這條道路是誰的呢？

道路歸屬於「決定造路的人」，有可能是國家或是鄉鎮市政府。如果私人鋪設的道路，就稱作「私人道路」。

國家建造的道路稱作「國道」，每一條都會編制號碼，「國道 1 號」是臺灣第一條高速公路，連接臺灣西部各大都市和鄉鎮。

測量所有土地

樹木消失後，便可看見廣闊的土地。在這裡要建造什麼樣的道路呢？

為了建造出規畫好的道路線形，必須測量土地的長度、高度等。

接著，就依循道路工程設計圖開始建造道路。

澈底測量每個角落！

測量土地的長度和高度時，會使用外觀像是三腳架相機的「全站儀」。測量者必須持有執照，稱作「測量技術士」，以兩人為一組。

全站儀
藉由發射至反射鏡（稜鏡）的光線測量長度和高度。儀器上有著可以看得非常遠的望遠鏡。

反射鏡（稜鏡）
讓光線反射回全站儀的器具。

基準點
測量長度和高度的已知參考點。

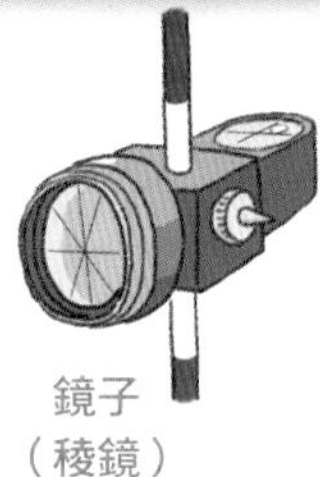

鏡子
（稜鏡）

載去哪裡？

砂石車

砂土的去向

用挖掘機挖出的砂土，會先堆積在砂石車上，再被送至土石方資源堆置場，或是想要填高土地的地方。有時候也會使用在其他的施工現場。

挖挖、填填，讓地面平坦

道路凹凸不平或突然出現陡坡，不僅難走也相當危險。

因此鋪設道路時要盡可能讓路面平坦、坡道平緩。地勢若太高就要挖土剷平，地勢太低就要填土堆高。如此一來，道路就會趨於平坦。

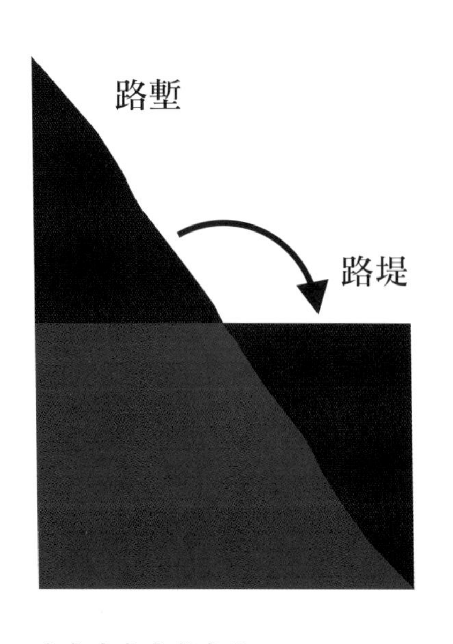

挖挖補補！

地勢若比周圍來得高就得挖土，若比周圍來得低就得填土，讓地面更為平坦。把土挖走稱作「路塹」，在上方填土稱作「路堤」，就像拼圖一樣移動，達到物盡其用的效果。

打造方便好通行的道路！

建造道路的工程師會仔細計算，造出能夠銜接前後直線道路，並且讓車子輕鬆通過的轉彎道路，如此一來，車子的方向盤不用過度轉動，從駕駛的角度也能清楚看見前方的道路。

系統交流道是兩條高架道路的交匯處，這裡會有許多彎道。

防止路面積水

　　原本還是一片森林時，降雨會滲透到泥土裡。

　　鋪上道路後，雨水變得沒辦法完全滲透，所以必須設計出一套排洩積水的系統。這是道路施工時極為重要的環節。

照片咔嚓咔嚓！

　　我們經常會在施工現場看見施工人員拿著相機，對著寫滿文字的黑板拍照。

　　這不是為了將美好的回憶拍下來，而是施工人員依規定要把當天執行的工作記錄下來，尤其是完工後無法再看見的地方，更需要有清楚的紀錄。

工程名稱	〇〇工程
工程種類	排水工程
測量基準點	No.15
材料進場確認 U300　N= 〇〇支	

黑板上會寫上日期、當天所執行的工作，以及拍照的目的。

讓動物通過的涵洞

建造道路的區域，若是有小河或地下水經過，就會在道路下方建造流水的通道。此外，在附近有石虎、白鼻心或梅花鹿等野生動物大量居住的地方，有時甚至會建造動物專用的涵洞，讓動物平安通往道路的另一側。

擠壓後 砂土變緊密

道路一定要建造得非常堅固耐用，地面若是鬆鬆軟軟或是有縫隙，久而久之就會坑坑洞洞、凹凸不平，非常危險。

因此，在地面鋪上砂土後要用力擠壓，減少縫隙，讓它緊密。訣竅在於砂土要一層一層加上去，如此一來，砂土層就會相當堅實。

瀝青混凝土

緊密砂土

瀝青混凝土路面下的世界

我們看到的路面是鋪著瀝青混凝土的樣子，事實上瀝青混凝土只是薄薄的一層。路面50公分左右的下方，大約有厚度1公尺的砂土。如果這一層砂土不夠緊密，就無法建造出堅固耐用的道路。

震動壓路機

能夠一邊震動一邊前進，讓地面更加堅實。

輪胎壓路機

有著沉重的輪胎，會在地面反覆來回數次。左右兩側的水箱會灑水溼潤砂土，讓砂土更容易被壓密。

繼續反覆擠壓礫石，讓路面堅固

這次的主角不是砂土，而是小石頭，一樣要反覆擠壓，讓道路更緊實。

雖然是硬硬的小石頭，卻可以讓道路變得更有彈性，不可思議吧！這些小石頭是延長道路壽命的祕訣之一哦！

礫石就像是彈簧！

這些小石頭就是礫石，比砂子的體積大，排列在一起時會產生空隙，就像是中間有了彈簧。如果道路太過於堅硬，車子的重量和煞車力道，容易讓道路斷裂，有礫石就能防止道路出現裂痕。

平路機

能把礫石平坦的鋪設在地面上。

壓路機

有著沉重的鐵製輪胎，
負責將地面壓實。

趁熱攤平

地面因為高溫冒出白色的煙霧，那個又熱又燙的東西就是瀝青混凝土。準備鋪設時，要先將它加熱，讓它軟化。

趁著瀝青混凝土還熱騰騰時，迅速將它鋪滿於道路，用沉重的壓路機在上面滾壓，使道路平坦緊實。

熱騰騰的送達！

瀝青混凝土是一種人工生產的工程材料，主要由瀝青和礫石構成。鋪設道路前，工廠會將瀝青混凝土與礫石混合加熱，然後用砂石車運送過來。在它們的溫度降低到120度之前，鋪平在路面上。

一般長靴會因為瀝青混凝土的熱度而融化，工作人員必須穿著特製的「抗融化長靴」。

瀝青鋪築機

可以配合道路的寬度，鋪出寬度剛好的瀝青混凝土。砂石車先把瀝青混凝土倒入進料斗，接著刮板會把瀝青混凝土推展到地面上，加以攤平。

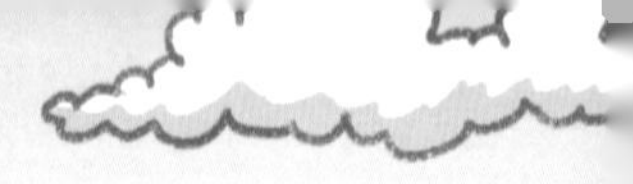

遵守規則 確保安全

道路的雛型已大致完成。為了讓行人和車子可以安全通行，施工人員會在道路上畫白線，在光線較暗的轉彎處設置路燈，紅綠燈也絕對不能少。

哇！道路快建置完成了。

今天開始能使用嘍！

道路建置完成後，持有人會通知大眾開始使用的日期。

從這天起，使用這條道路時，必須遵守「交通法規」和「道路交通安全規則」等相關規定。如果違反法規，就會受罰。

公告

〇〇號線
開始通車。

〇〇年〇月〇日

簡單來說，就是道路可以開始使用的公告。通常公告會放在國家或鄉鎮市政府的網站、宣傳單、市政廳的公告欄等。

道路可使用多久呢？

　　每天都有大量的車子和行人經過，有時風吹雨打，有時日晒雨淋。隨著時間的流逝，道路也會受損，可以重鋪瀝青混凝土、重新畫線，讓道路永續使用。

道路鋪

設完成

後記

道路的底下

鋪設完從山區通往城鎮的道路了。

住在城鎮的人，可以輕易見到住在山裡的朋友。山中採收的新鮮蔬菜，可以一大清早載到城鎮中販賣。新的道路帶領我們走向新的生活。

這麼一來，我們的生活就會越來越方便！

但是，道路的功能不只是給人與車子通行而已。

看不見的道路底下有許多我們仰賴的維生管線，例如水管、瓦斯管線、電線電纜、光纖纜線等，都是生活中不可欠缺的管線。

請試著仔細觀察道路。你一定會有新發現！

關於道路……

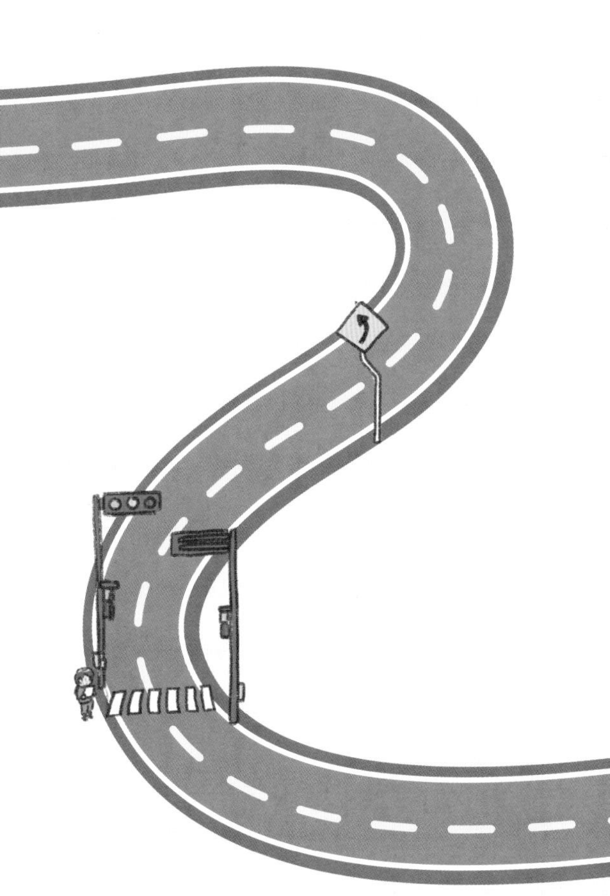

道路的起源
動物的路徑

很久很久以前，人類為了狩獵而進入森林時，看見地上有印痕。仔細觀察後，發現原來是動物的足跡。動物經常通過的地方，野草會被踩平，形成動物的路徑，人類就循著動物的路徑找到動物，加以獵捕。久而久之，這些路徑經過越來越多人踩踏，形成人類往來行走的「道路」。

鋪路

為了讓道路保持平坦，必須在路面鋪填東西，這就是「鋪路」。即便鋪的只是磚塊或石頭，也算是鋪路。

水泥混凝土路面

有一點凹凸不平的道路。混凝土是由水泥、小石塊、砂子，以及水混合攪拌而成，顏色較偏白色。鋪好之後要等一段時間才會乾，乾了之後能夠使用非常多年。

普通平坦

非常耐用
適合用在很陡的斜坡上

非常平坦

瀝青混凝土路面

非常平坦的道路。瀝青是黑色黏稠狀的東西，加熱後會變軟，冷卻後又會變硬，所以很適合用來鋪路。使用時通常會混入砂子或碎石。

跑起來很舒服
走起來很舒服

古代的道路
漂亮的石板道路

距今大約2000年前，義大利的羅馬比其他都市還要繁榮、熱鬧，當時的人在羅馬周邊，用石板鋪設很多條漂亮的道路。

其中最古老的一條道路，是「亞壁古道」，從位在義大利西邊的羅馬開始，一直延伸到東邊的海岸附近。據說花了將近70年的時間才造好，直到今天，依然有許多人通行。

未經開發的道路

路面上沒有鋪設任何瀝青混凝土，例如山路、田間小路，都是未經開發的道路。

非常平坦

容易滑倒
走起來腳比較不會痛

泥土路面

非常柔軟的道路，下過雨後會變得泥濘，乾了之後又容易揚起塵土。

碎石路面

由粗顆粒碎石組成的道路。石頭互相摩擦，會發出沙沙聲響。

沙沙作響

不容易積水
容易變得凹凸不平

有人的地方就有道路

世界上各種有趣的道路

臺灣第一條高速公路

臺灣

中山高速公路連接臺灣西部各大都市、城鎮，以及臺灣南北兩大港口，是臺灣第一條貫穿南北的高速公路，也稱為國道1號，是臺灣的西部走廊。

彎彎曲曲的城市街道

美國

美國舊金山的九曲花街是一條斜坡道路，共有8個急轉彎，每個彎道都像「Z」字型一般，車子只能向下單向通行，非常考驗駕駛技術。

瑞士

沿著山坡彎來彎去的道路

蜿蜒的道路緊貼在山坡上，看起來像一條白色的蛇。這裡是瑞士的聖哥達山口，由於阿爾卑斯山實在太高了，如果鋪設筆直的道路，會變得太過陡峻，不管是人或車子都爬不上去！為了讓坡度變得平緩，只好讓道路彎來彎去。像這樣蜿蜒的道路，也被形容是「九彎十八拐」。

阿根廷

世界上最寬的道路

阿根廷布宜諾斯艾利斯的七月九日大道，雙向共有18線道路，是阿根廷政府為了紀念阿根廷獨立150週年而建造的。

好可怕！懸崖邊緣的道路

中國

什麼？車子竟然開在巨大的岩壁裡面！這裡是中國的郭亮村，村人們在懸崖邊的岩壁上挖掘出一條隧道。如果在懸崖邊往下看，會發現地勢非常高，開車在上頭一定會覺得心驚膽跳吧！

英國

漲潮就會消失的道路

英國馬拉吉昂海岸有一條通往聖邁克爾山潮間島的石板道路，約500 公尺。漲潮時海面升高，整條道路會被海水覆蓋，所以只能在退潮時通行哦！

道路施工時無可取代的

重型機械

迷你挖掘機

挖掘機的小型版。狹窄的地方少不了它。

推土機

可以將砂土推移、撈起或攤平。推擠的力道相當強大。

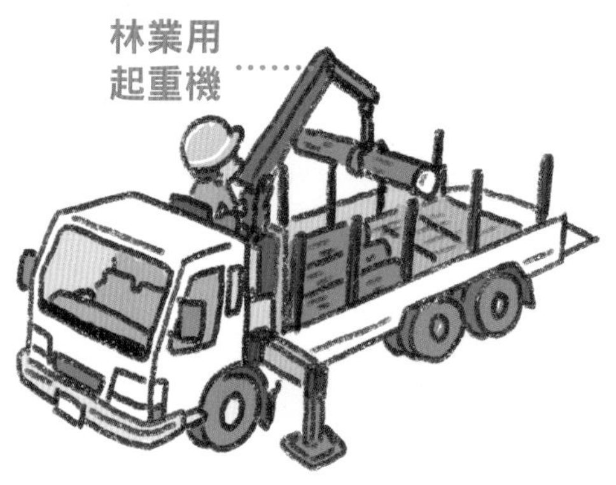

起重機卡車

駕駛座的後方裝設著起重機，方便吊放物品。本圖是林業用起重機。

挖掘機

掛在機械手臂上的挖斗，將土一鏟一鏟撈起，堆在砂石車上。機械手臂前端可替換其他連結器具。

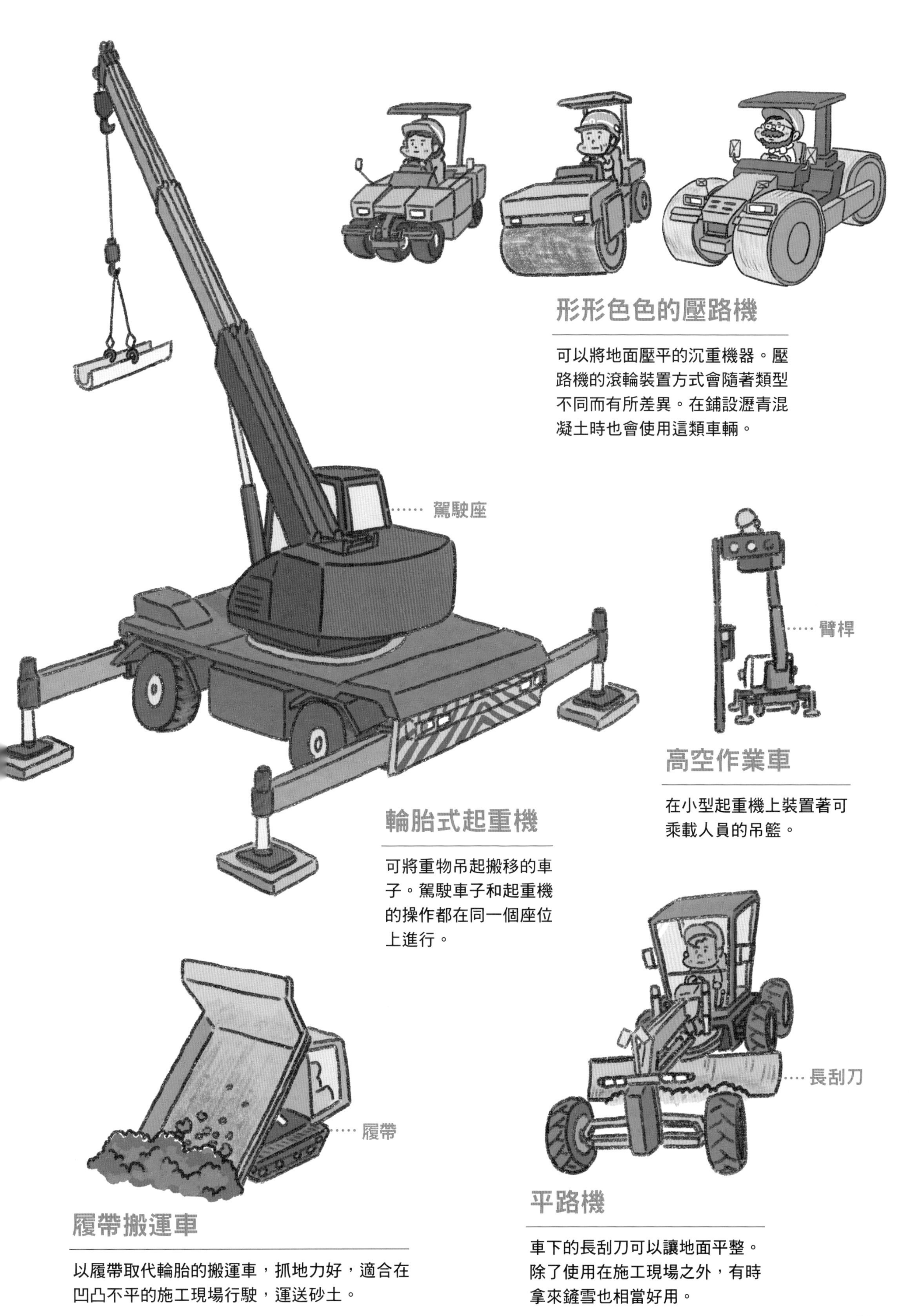

形形色色的壓路機

可以將地面壓平的沉重機器。壓路機的滾輪裝置方式會隨著類型不同而有所差異。在鋪設瀝青混凝土時也會使用這類車輛。

高空作業車

在小型起重機上裝置著可乘載人員的吊籃。

輪胎式起重機

可將重物吊起搬移的車子。駕駛車子和起重機的操作都在同一個座位上進行。

平路機

車下的長刮刀可以讓地面平整。除了使用在施工現場之外，有時拿來鏟雪也相當好用。

履帶搬運車

以履帶取代輪胎的搬運車，抓地力好，適合在凹凸不平的施工現場行駛，運送砂土。

監修｜**鹿島建設株式會社**

鹿島建設株式會社是日本五大建設公司之一，總公司設址於東京，創辦於1840年，在日本建築業的發展中占有相當重要的地位，主要建造涵蓋水壩、橋梁、隧道、棒球場等，尤其在建造核電廠及高層建築物方面享有盛譽。

繪圖｜**池內李利**

出生於日本鳥取縣鳥取市，現住在東京都杉並區。工作了20年之後，在經歷木工、業務等各行各業後，最後成為插畫家。作品涵蓋插畫、漫畫和繪本；除了人物之外，動物、鳥類、昆蟲、魚類和機器，也都是他擅長的領域，被譽為「具有喜劇性的品味」，風格活潑，廣受好評。

翻譯｜**李彥樺**

日本關西大學文學博士，曾任私立東吳大學日文系兼任助理教授，譯作涵蓋科學、文學、財經、實用書、漫畫等領域，作品有「NHK小學生自主學習科學方法」（全套3冊）、「5分鐘孩子的邏輯思維訓練」（全套2冊）、「〔實踐創意〕小學生進階程式設計挑戰繪本」（全套4冊）、「數字驚奇大冒險」（全套3冊）（以上皆由小熊出版）。

審訂｜**陳建州**

現任國立雲林科技大學營建工程系教授，曾任高屏溪橋建造工程師、國立中央大學工學院橋梁工程研究中心顧問、中華顧問工程司正工程師；研究與授課範圍廣含結構動力學、橋梁工程、預力混凝土、工程數學、基本結構學、鋼筋混凝土和測量學等。

照片提供（P11, P14, P16, P25-29）：shutterstock

閱讀與探索

從無到有工程大剖析：道路 監修／鹿島建設株式會社 繪圖／池內李利 翻譯／李彥樺 審訂／陳建州

總編輯：鄭如瑤｜主編：施穎芳｜責任編輯：王靜慧｜美術編輯：陳姿足｜行銷副理：塗幸儀

社長：郭重興｜發行人兼出版總監：曾大福
業務平臺總經理：李雪麗｜業務平臺副總經理：李復民
海外業務協理：張鑫峰｜特販業務協理：陳綺瑩｜實體業務協理：林詩富
印務經理：黃禮賢｜印務主任：李孟儒
出版與發行：小熊出版・遠足文化事業股份有限公司
地址：231 新北市新店區民權路 108-2 號 9 樓
電話：02-22181417 ｜傳真：02-86671851
劃撥帳號：19504465 ｜戶名：遠足文化事業股份有限公司
客服專線：0800-221029 ｜客服信箱：service@bookrep.com.tw
Facebook：小熊出版 ｜ E-mail：littlebear@bookrep.com.tw
讀書共和國出版集團網路書店：http://www.bookrep.com.tw
團體訂購請洽業務部：02-22181417 分機 1132、1520

法律顧問：華洋法律事務所／蘇文生律師｜印製：凱林彩印股份有限公司
初版一刷：2021 年 5 月｜初版二刷：2021 年 7 月｜定價：350 元｜ ISBN：978-986-5593-12-4

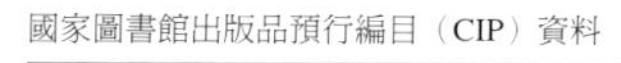

國家圖書館出版品預行編目（CIP）資料

從無到有工程大剖析：道路 / 鹿島建設株式會社監修；池內李利繪圖；李彥樺翻譯；陳建州審訂 . -- 初版 . -- 新北市：小熊出版：遠足文化事業股份有限公司發行 , 2021. 05
32面；29.7×21公分.（閱讀與探索）
ISBN 978-986-5593-12-4（精裝）
1. 道路 2. 道路工程

442.1 110003054

DANDAN DEKITEKURU1 DOURO
Copyright© Froebel-kan 2019
First Published in Japan in 2019 by Froebel-kan Co., Ltd.
Complicated Chinese language rights arranged with Froebel-kan Co., Ltd., Tokyo, through Future View Technology Ltd.

Supervised by KAJIMA CORPORATION
Illustrated by IKEUCHI Lilie
Designed by FROG KING STUDIO

小熊出版讀者回函

小熊出版官方網頁

從無到有工程大剖析

全4冊

認識生活周遭的巨大建設！

滿足好奇心與臨場感的知識繪本
啟發孩子對科學與工程探索的樂趣

圖解各項施工步驟好厲害！

重型機械圖鑑好精采！

1 道路　2 隧道

3 橋梁　4 大樓